CRÉPUSCULE

D'UN NOUVEAU

SYSTÈME DE MÉTALLURGIE

RATIONNELLE, POSITIVE ET PHILOSOPHIQUE,

A Messieurs les Membres de la Commission impériale du Jury international,

Par Adrien CHENOT,

Ancien élève de l'École des mines.

PARIS,

TYPOGRAPHIE DE FIRMIN DIDOT FRÈRES,

56, RUE JACOB.

1855.

V

EXPOSITION UNIVERSELLE

CRÉPUSCULE

D'UN NOUVEAU

SYSTÈME DE MÉTALLURGIE

RATIONNELLE, POSITIVE ET PHILOSOPHIQUE.

SOUVENIR DE 1855.

EXPOSITION UNIVERSELLE

CRÉPUSCULE

D'UN NOUVEAU

SYSTÈME DE MÉTALLURGIE

RATIONNELLE, POSITIVE ET PHILOSOPHIQUE,

A Messieurs les Membres de la Commission impériale du Jury international,

Par Adrien CHENOT,

Ancien élève de l'École des mines.

————— ◆ —————

PARIS

TYPOGRAPHIE DE FIRMIN DIDOT FRÈRES,

56, RUE JACOB.

1855

A MM. LES MEMBRES DU JURY

DE

L'EXPOSITION UNIVERSELLE

DE 1855.

MESSIEURS,

J'ose vous adresser cette note que je rédige dans les termes les plus concis possibles, en énonçant seulement et pour ainsi dire les principaux chefs d'invention représentés par mon exposition.

J'avoue que je regrette infiniment de me voir condamné à tant de continence, mais il m'a été dit et j'ai observé que les expositions de théorie étaient très-mal venues, et que les miennes, particulièrement, nuisaient au plus haut degré à mon sujet, en éloignant beaucoup plus qu'en attirant l'attention sur des faits qui ont cependant aujourd'hui un positivisme indiscutable ; car non-seulement ils sont passés dans le domaine de l'application industrielle, à Clichy et en Espagne, mais cette application est sur le point de se répandre dans beaucoup de pays, car la qualité et le bon marché relatifs sont la conséquence de mon système métallurgique.

Je me borne uniquement à dire, comme théorie, que la mienne est générale et repose sur ce principe : *que dans l'étude de la physique du globe et de la formation des roches par combustion de la matière à l'é-tat naissant d'éponge métallique, on trouve les plus grands et les plus positifs enseignements métallurgiques.*

L'énonciation seule de ce principe suffira, je pense, à m'excuser d'avoir des regrets de ne pas le développer ; il me suffit, du reste, de faire entrevoir, par cette énonciation, que la métallurgie doit être élevée au rang des sciences qui se rattachent le plus directement aux lois et à la philosophie de la nature.

J'espère qu'un jour un savant développera cette pensée de manière à la faire accepter, en démontrant, ce qui est évident *à priori*, que, toute matière métallique de la nature pouvant être ramenée à l'état d'éponge par réduction, et cette éponge pouvant être ramenée au même état initial de minerai par oxydation, il en résulte que les roches et les minerais ont été à l'état d'éponge métallique ou naissant, et que l'étude des modifications de ces éponges devenues *minerais* conduit à la science métallurgique la plus positive et la plus attrayante par sa philosophie.

Si de la part de celui qui, le premier, a fait du mot ÉPONGE MÉTALLIQUE un mot industriel, on accepte qu'il y a quelque mérite, c'est parce que les éponges métalliques ont, par des travaux qu'on considère comme *purement opiniâtres*, pris place dans l'industrie par quelques applications utiles, mais on ne veut pas entendre parler des raisons pour lesquelles ces éponges sont industriellement des matières tellement supérieures aux matières usuelles.

On ne veut pas que l'auteur de ces travaux rattache cette supériorité aux lois naturelles ; on ne veut pas surtout qu'il explique que la loi de l'illustre Davy est une révélation sublime qui renferme toute la science métallurgique qui consiste purement et simplement à savoir dans quel ordre relatif une matière métallique s'oxyde ou se réduit relativement à une autre ; car la hiérarchie de la nature est tellement imperturbable et rigoureuse, que jamais elle ne permet une action d'oxydation ou de réduction sur la matière à deux états différents *à la fois*, mais bien successivement et dans un ordre parfaitement rigoureux.

Cet ordre n'est autre que celui qui a pour base les classifications électro-chimiques que, le premier, Davy a tenté de poser, en appelant action *positive* ce qu'on appellera action *d'oxydation*, et *négative* ce qu'on appellera action de *réduction* au point de vue des principes métallurgiques qui dominent toutes nos recherches.

Si la science métallurgique peut être résumée à des termes aussi simples que celle d'une classification

électro-chimique des corps sous les influences d'oxydation ou de réduction, n'y a-t-il pas un mérite *supérieur*
à toutes applications dans l'exposition de ce principe
et l'insistance à le faire triompher?..... C'est ce que
je me suis efforcé de faire dès 1849.

A cette époque je fus bien mal venu et fis hausser
bien des épaules aux lecteurs de ma pancarte, qui
portait :

« Les corps à l'état d'éponges métalliques sont,
« relativement aux matières usuelles, de nouvelles
« matières pour les sciences, les arts et l'industrie ; les
« éponges métalliques représentent la matière à l'état
« naissant ou atomique..... »

Je fus bien mal venu surtout de proposer l'éponge
métallique de fer comme combustible, disant que c'é-
tait le plus puissant, et que dans la nature les corps à
l'état d'éponge métallique avaient joué le grand rôle de
combustible sous l'influence duquel s'étaient formées
les roches de la croûte terrestre....., sous l'influence
duquel notre globe manifeste aujourd'hui une chaleur
croissante au fur et à mesure que de la surface on
marche en profondeur vers le point où les corps sont
encore à l'état naissant ou d'éponge métallique, ou
d'éponge combustible, car nous n'admettons pas la
fusion centrale de la matière comme cause de la chaleur du globe.

Il est, ce nous semble, facile de voir que notre
hypothèse, d'accord en résultats avec les observations
géodésiques relatives à l'accroissement de température
(en raison de la profondeur) attribué à la fusion

centrale, donne plus de satisfaction à la raison en même temps qu'elle crée un élément nouveau pour l'explication des causes du mouvement terrestre par l'augmentation de *gravité* qui résulte de la combinaison de l'oxygène avec les éponges et de la chaleur ou électricité dégagée par cette combinaison.

Cependant mes énonciations ne méritaient pas tant de dédain, car aujourd'hui on reconnaît que toutes les propriétés des éponges métalliques se résument à leurs remarquables propriétés d'énergique combustion relative..... Les lois de cette combustion relative n'enseignent-elles pas que telle éponge réduira tel oxyde directement ou favorisera au plus haut degré sa réduction sous l'influence d'une température qui exaltera les propriétés de l'éponge combustible mise en présence d'un oxyde d'un ordre de combustibilité inférieure ?...

Ces lois bien établies, une métallurgie nouvelle ne sera-t-elle pas basée sur les lois naturelles, sur ce qui s'est passé et se passe dans la nature, pour transformer la matière par des actions simples ou combinées d'oxydation ou de réduction? Ainsi je place en tête de mon exposition d'actions à employer en métallurgie les actions *d'oxydation* et de *réduction* représentées d'une part par le *ciment métallique français* de mon invention, celui-ci représentant la *lito-génésie* en général; d'autre part, par les éponges métalliques représentant les corps à l'état naissant; et j'écris en tête le principe général qui suit :

« OXYDATION et RÉDUCTION sont les deux termes
« extrêmes de l'équation générale de la transformation

« de la matière dans les grands phénomènes naturels et
« dans les petits expédients de l'homme dans ses exer-
« cices des sciences, des arts et de l'industrie. »

Dans une note qui a pour but de donner quelques
explications sur mes principes métallurgiques en application, je ne pouvais pas ne pas écrire les quelques
lignes qui précèdent en adressant cette note aux esprits
élevés pour lesquels je l'écris ; car je ne doute pas que,
suivant mon désir, il ne soit jugé que mon plus grand
mérite, celui que je tiens à plus grand honneur, est
d'avoir signalé les propriétés des éponges métalliques
de manière à en avoir fait accepter le mot industriellement à travers des obstacles de toute nature et véri-
tablement incroyables, obstacles souvent désolants en
présence desquels l'inventeur reconnaît combien il y a
de répulsion dans le cœur humain en général et en
particulier dans l'esprit du juge à son sujet, car l'inventeur reconnaît que le *vol au procès* est le traque-
nard le plus perfide, quoiqu'il ne soit pas encore classé
dans la litanie des moyens de subreption les plus
grossiers et les plus vils.

On devra considérer dans mon système métallurgique deux faits capitaux pour l'industrie.

Au point de vue technique.

1° Comme dans les méthodes métallurgiques ordinaires les fusions ou dissolutions ignées ou aqueuses
sont le prélude de toute opération, il en résulte une
confusion générale de toutes les matières composant le
minerai, confusion dans laquelle la matière première

perd pour la plus grande partie son caractère essentiel par les combinaisons nouvelles qui résultent de l'état de dissolution, aussi bien que par les agents de combustion ou de dissolution employés pour provoquer les fusions.

Ainsi, par exemple, lorsqu'on traite un minerai de fer qui contient de la silice interposée, une partie de cette silice est réduite et la fonte contient du silicium.

Ainsi encore, si le même minerai contient du manganèse, métal beaucoup plus oxydable que le fer, ce métal passe pour la plus grande partie dans les laitiers dans la fabrication de la fonte, et ce qui en reste dans celle-ci est éliminé à peu près en totalité dans les méthodes d'affinage, dominées comme la fusion par les actions d'oxydation.

Or, d'une part, la fonte ainsi que le fer sont viciés par le silicium ; d'autre part le manganèse métallique qui joue un si grand rôle qualitatif dans les fers forts et les aciers se trouvant éliminé, on peut dire que le minerai manganésifère n'a plus que l'inconvénient de donner des laitiers corrosifs.

Par la méthode des éponges, la réduction s'opérant à très-basse température relative, et le minerai ne perdant jamais sa forme ni sa contexture dans cette réduction, les métaux passent successivement à l'état métallique, les plus réductibles réduisant ceux qui viennent en second ordre, et ceux du premier et du second ordre ceux qui viennent en troisième ordre, etc., etc. ; la pile augmentant successivement d'un élément d'un ordre ou puissance dynamique déterminée et restant toujours dans cet ordre, de manière que, jusqu'à réduction de tous les corps contenus dans un minerai, les métaux qui proviennent des réductions successives et réciproques sont exactement, dans l'ordre et quantité relative à l'ordre, la quantité et l'espèce d'oxyde ou sel contenu dans le minerai.

En résumé et en fait, il résulte des considérations de c t ordre qu'étant donné un bon minerai, on obtiendra, par les éponges, un produit aussi supérieur aux produits que donnent les méthodes ordinaires avec ce minerai ; que ce même produit est supérieur à ceux qui résultent du traitement d'un minerai médiocre par les méthodes ordinaires ; et qu'enfin il est dans notre conviction que, de même que les vins sont dénommés par leur provenance, les fers, et particulièrement les aciers, seront prochainement dénommés et classés comme les vins d'après le gisement du minerai, en admettant des classifications secondaires comme pour les vins, parce qu'on reconnaîtra qu'à la nature du minerai, beaucoup plus qu'à l'art de le traiter, appartient la qualité, de même qu'aux terroirs de Champagne, de Bourgogne et de Médoc, appartient beaucoup plus la supériorité des crus qu'à la manière de traiter le raisin pour obtenir le vin.

Au point de vue économique.

2° Par les méthodes ordinaires, comme les combustibles doivent être choisis en raison 1° de la haute température qu'ils doivent produire ; 2° de leur propriété de se carboniser plus ou moins bien ; 3° de leur qualité en présence des métaux, il en résulte que, dans la métallurgie actuelle, le champ du choix du combustible étant excessivement limité, la métallurgie se trouve au dépourvu en présence des anthracites, des lignites, des tourbes, des houilles médiocres, etc., etc., et que, comme tous les combustibles sont propres à être employés ou à l'état naturel ou à l'état gazeux dans la fabrication des éponges, leur fusion ou soudage, cette méthode qui donne lieu à la qualité du produit, agrandit extraordinairement les ressources en combustibles.

Sous ce rapport seulement, et sans tenir compte de l'économie directe du combustible qui n'est pas de moins de 60 pour 100 relativement aux méthodes ordinaires ; sous ce rapport, dis-je, d'agrandissement considérable du choix du combustible, je pense que la méthode des éponges mérite au plus haut degré de fixer l'attention des économistes.

A ce dernier sujet, nos systèmes de préparation et de normalisation des combustibles solides et gazeux agrandissent encore beaucoup le domaine des combustibles utilement et agréablement disponibles ; nous osons donc recommander vivement ces systèmes à l'attention des économistes, et leur faire remarquer que, nos lois sur les alcalis ou sels alcalins paralysant tout progrès dans ce sens et dans une multitude d'applications métallurgiques comme dans d'autres branches d'industrie, il est du plus haut intérêt que des lois sur les alcalis, qui ont pu paraître jusqu'à ce jour inoffensives, soient aujourd'hui considérées comme un obstacle invincible en France à des progrès immenses

auxquels vont marcher les nations voisines en toute
liberté.

N'est-ce pas offenser la prévoyance de la Providence que de paralyser l'emploi de matières aussi
abondantes dans la nature que les alcalis ou sels alcalins? Les roches primitives en contiennent des masses
immenses, les roches stratifiées des couches puissantes
et étendues ; tous les végétaux en contiennent ; les mers
qui occupent les deux tiers de la surface du globe ne
sont-elles pas des dissolutions d'alcalis qui représentent
des quantités incalculables de ces sels?... Cette abon-
dance partout n'est-elle pas une assurance donnée à
l'homme par la Providence que, lorsque le jour vien-
drait pour lui d'employer les alcalis sur la plus vaste
échelle, il trouverait dans la nature des magasins inépuisables?... Le jour est venu pour beaucoup d'applications nouvelles des alcalis à l'industrie ; mais il est
particulièrement venu pour un immense progrès dans
l'emploi des combustibles, progrès dont nous avons ou-
vert la voie par nos travaux sur la normalisation des
combustibles, travaux qui, caractérisés par la généralité, la variété et la complète solution des problèmes
qui surgissent à ce grand sujet, ont le mérite incontestable de la priorité, car ils datent authentiquement du
mois de novembre 1851, époque à laquelle je faisais
des applications du coke normalisé dans les forges
catalanes de l'Ariége, et invitais, par la voie des jour-
naux de Foix et de Toulouse, les maîtres de forges de la
localité à se réunir à moi pour sauver leur industrie
du manque de combustible végétal, en le remplaçant

par le coke normalisé, lorsque mes travaux furent subitement interrompus par les événements de décembre. Il y a ici, relativement à la priorité, un point historique important : il est certainement nécessaire de l'éclaircir. Un professeur de chimie de Manchester, ayant saisi deux années après un mot (celui de chlorure de sodium) de nos travaux, a tenté de s'en faire un titre par une communication à l'Académie des sciences de Paris ; titre qu'une récente lettre que nous a écrite le professeur nous autorise à discuter sévèrement, et dire qu'il fait un abus compromettant de hauts patronages dans l'Académie; titre que, du reste, nous invoquons pour constater que le professeur de chimie à Manchester est des plus maladroits contrefacteurs ; s'obstinant à ne pas donner de procédé à l'Académie, tandis que nous en donnons trois. Sa communication implique que celui qu'il imagine de bâtir théoriquement sur l'emploi et les réactions du chlorure de sodium, *qu'il a entendu articuler*, consiste dans l'addition du chlorure de sodium dans la houille avant carbonisation, ce chlorure de sodium transformant le bisulfure de fer par des réactions complexes en sulfure de sodium que le chimiste professeur laisse dans le coke obtenu, supposant que dans la réaction de ce coke le soufre à l'état de sulfure de sodium aura la complaisance d'être complétement innocent en présence des métaux... beaucoup plus innocent qu'à l'état de bisulfure de fer...

Est-il permis à un professeur de chimie d'ignorer que le sulfure de sodium est décomposé en totalité par le fer, et qu'en présence du fer, le bisulfure de fer

n'abandonne qu'un atome de soufre ; que par conséquent le sulfure de sodium étant infiniment plus dangereux que le bisulfure de fer, le professeur-contrefacteur-
chimiste fait le contre-sens le plus complet?.. Pourquoi?
parce qu'il n'a pas compris le système, qu'il ne l'a pas
appliqué, quoi qu'il en dise, et qu'il n'a saisi qu'un
mot, celui de *chlorure de sodium*, mais nullement un
système ; car, d'une part, même aujourd'hui, il ne
comprend pas la nécessité absolue du lavage du coke,
surtout avec l'emploi du chlorure de sodium, seul réactif qu'il emploie, lavage qui enlève le soufre devenu
soluble sous l'influence de l'alcali ou du sel alcalin,
lavage soigné que nous recommandons de la manière
la plus expresse, lavage qui, seul, normalise le combustible. Non, le professeur de chimie ne lave pas
dans le procédé qu'il imagine ; car, dans sa note à
l'Académie du mois de septembre 1853, *il écrit* que,
dans la combustion de son coke, le soufre passe dans
les cendres, voulant dire que le sulfure de sodium retient le soufre dans la combustion sur une grille. L'im-
pudeur du professeur de chimie méritait ces quelques
lignes en réponse à une lettre curieuse et furieuse qu'il
nous écrivit dernièrement, nous menaçant de poursuites
devant le tribunal de commerce, et de dommages et in-
térêts, *si nous ne cessons nos réclamations, imaginaires suivant lui.* L'histoire de la normalisation des com
bustibles aura peut-être d'ailleurs besoin de ces lignes...
Ces lignes encore auront peut-être pour résultat de
faire étudier nos travaux sur ces normalisations, pré-
parations et emplois des combustibles, et alors par cet

examen on jugera à quelle distance nous pouvons dire sans amour-propre déplacé, mais en toute vérité, que l'*inventeur français* laisse le *professeur de chimie de Manchester*.

Ajoutons pour l'histoire, et pour caractériser tout ce qu'il y a d'édifiant dans la conduite de l'ignorant et maladroit professeur contrefacteur qui parle de tribunal de commerce et n'accepte pas de discussions devant l'Académie; ajoutons, disons-nous, que le professeur est *trafiquant* du travail d'autrui, ce qui le conduit à être ingrat envers un des plus grands maîtres de la science, au fils duquel il a vendu le procédé de fabrication du coke *pernicieux*....; pernicieux par deux atomes de soufre au lieu d'un en présence du fer à une température élevée;.... pernicieux dans les combustions par l'excès *inévitable* de chlorure de sodium que conserve le combustible que le professeur dit avoir brûlé avec cet excès, puisqu'il ne lave pas,... et il ne s'est pas aperçu que le coke ainsi préparé donnait lieu dans la combustion à des torrents de vapeur blanche qui éteignait cette combustion, qui étouffait les chauffeurs, qui corrodait les machines, observations qui nous conduisent à ajouter aux qualités que nous avons données au professeur celle d'imposteur, non moins audacieux devant l'Académie qu'il serait possible de l'être en présence d'une assemblée d'ignorants.

Pour compléter ce point historique, je dois ajouter qu'au reçu de la lettre, ou plutôt de deux lettres du même style (août et septembre 1855), je répondis à

ces provocations : que pour chaque époque les inventions se produisant, lorsqu'à ces époques un besoin impérieux de progrès faisait converger les recherches sur un même sujet ; il n'était donc pas surprenant qu'en général, dans l'ignorance complète de recherches réciproques et de la meilleure foi du monde, des inventeurs pussent se trouver concurrents par des dates de recherches fort différentes ; qu'ainsi donc, malgré que j'eusse l'autorité de deux années, je voulais bien admettre des recherches dans le même sens, mais non pas une invention aussi avancée, et je dirai aussi complète que la mienne, donnant satisfaction à toutes les faces de la grande question de préparation et de normalisation des combustibles. Je disais au professeur : « Je m'étonne que, n'ayant pas accepté de dis-
« cussion devant l'Académie, malgré que je vous y aie
« invité par tous les moyens possibles, je m'étonne,
« dis-je, que, d'après le caractère qu'on doit supposer
« à un homme dans votre position, vous me menaciez
« d'un débat devant le tribunal consulaire de la Seine ;
« quelque honorables que soient les membres du tribu-
« nal, je pouvais bien ne pas les considérer comme
« compétents. Cependant j'accepte ce débat sur ce ter-
« rain, pour vous prouver le cas que je fais de votre
« menace sous quelque face que ce soit.

« Moi je vous propose de déférer nos difficultés à
« un jury d'honneur, composé de vos protecteurs na-
« turels et spéciaux, nos juges naturels, et par consé-
« quent de MM. Dumas, Chevreul et Fairbrain.

« Encore, au point de vue pratique, comme nos

« discussions peuvent nuire à l'application d'un grand
« moyen de progrès, unissons nos efforts au lieu de
« discuter, appliquez en Angleterre le système tel qu'il
« résulte de mes travaux et de ceux que vous avez pu
« faire, je l'appliquerai en France.

« Vous trouverez la question encore plus avancée
« que vous ne l'imaginez, et qu'on ne l'imagine géné-
« ralement ; vous voyez donc que je suis très-peu ba-
« tailleur. »

Cette lettre, je l'écrivais en réponse à celle qui suit,
copie à peu près textuelle du premier billet doux du
chimiste de Manchester, premier billet auquel je n'avais
pas cru devoir répondre ; et je poussais l'épigramme
d'honnêteté jusqu'à envoyer copie de ma réponse à
l'avocat que m'indique mon provocateur obstiné : cet
avocat, M. Dillais, peut en témoigner :

« Monsieur, n'ayant pas de temps à perdre pour
« répondre à des réclamations imaginaires, j'ai chargé
« M. Victor Dillais, avocat agréé près le tribunal de
« commerce de la Seine, rue de Ménars, 12, de vous
« mettre en demeure de prouver ce que vous avancez,
« et de vous poursuivre avec demande en dommages,
« etc.

« J'ai l'honneur, etc.

« Manchester, 23 août 1835, Royal Institution (1). »

Voilà l'état des faits ; on peut juger par ce qui précède et par la note que j'écris sur la normalisation des

(1) Il est bon de remarquer que mes procédés actuels sont exac-
tément ceux dont j'envoyai la description à l'Académie des sciences à

combustibles à qui doit s'appliquer le mot de réclamation imaginaire.

Nous négligeons ici des discussions accessoires avec d'autres plagiaires ; ceux-là cherchent à faire leur petit commerce, mais non à égarer l'opinion publique sur le titre sacré d'invention, et surtout à abuser, et par conséquent à amoindrir l'autorité du premier corps savant de l'univers, en lui donnant à enregistrer, à titre de priorité, des principes appliqués par d'autres dans le silence du travail, poursuivant avec persévérance un but réel et pratique avant d'en parler.

De même que la normalisation des combustibles a été considérée par nous comme une des grandes la-

la séance qui suivit la note du chimiste anglais, joignant à cette description du coke préparé depuis plus de six mois et attestant une longue date par le développement des taches et irisation, attestant que je savais normaliser, que je lavais, que j'avais fait des observations sur ce qui se passait par l'action du chlorure de sodium dans la carbonisation et dans le lavage, lavage dans lequel je récolte les sels dans deux procédés..... Plus tard j'envoyai un très-long mémoire à l'Académie, mais il n'est que le développement du premier ; et voilà ce que le professeur appelle *imaginaire*, quoique personne n'ait encore vu du coke normalisé par ce professeur et que, quoiqu'il en dise, ce qu'il y a d'imaginaire, c'est que du coke non lavé puisse brûler innocemment sur une grille s'il a été préparé par le chlorure de sodium ; et comme le professeur atteste en avoir brûlé, n'en signalant aucun inconvénient, au contraire en en vantant l'usage pour les locomotives, il nous est permis de mettre au défi le professeur de Manchester de prouver à l'Académie qu'il ne lui en a pas imposé comme je le prétends, et dire qu'il a imaginé un système pour se créer un titre par une note à l'Institut, titre sur lequel il s'appuie aujourd'hui, quoique ce titre se résume en fait à zéro puisque ses notes ne contiennent pas de procédé..... par une raison facile à imaginer d'après ce qui précède.

cunes à remplir, pour que dans les applications de la métallurgie, comme de toute autre industrie, tous les combustibles fussent également propres à donner des résultats sensiblement similaires aux combustibles que nous considérons comme les meilleurs, les combustibles végétaux, et que nous avons poursuivi nos travaux à ce sujet jusqu'à ce que satisfaction soit donnée à tous les côtés de la question, de même nous nous sommes efforcé de ramener les minerais à l'unité de richesse et de qualité, c'est-à-dire à la plus haute richesse et la meilleure qualité, ce qui a motivé l'invention de notre machine ÉLECTRO-TRIEUSE, machine que le bon sens général fait apprécier à ce point, que nous sentons la nécessité de l'établissement d'un grand atelier de construction spécialement destiné à fabriquer ces machines, dès aujourd'hui demandées en très-grand nombre en France et à l'étranger.

Le système général d'emploi des électro-aimants a sans doute très-peu de mérite si on se borne à considérer que je sépare des matières ferrugineuses d'autres matières, comme les marchands de bric-à-brac séparent la limaille de fer de celle de cuivre au moyen d'un aimant permanent.

Mais le champ d'études que j'ai parcouru est beaucoup plus vaste, et je me suis placé, en construisant cette machine, à un point de vue beaucoup plus élevé que celui qu'on pourrait supposer.

En effet, j'ai fait de véritables découvertes d'abord en étudiant les lois d'attraction de différentes matières sous l'influence d'un électro-aimant, et, appliquant

2

celle-ci, je suis aujourd'hui à même de tracer les lois suivant lesquelles doit être construite une bonne machine pour un usage déterminé.

Avec une bonne machine, j'ai fait des découvertes que l'analyse chimique n'aurait jamais faites en raison de la petite quantité sur laquelle elle opère, tandis qu'agissant sur des grandes masses rapidement, j'ai pu découvrir que beaucoup de matières minérales, réputées sans valeur, en prenaient une très-importante avec l'emploi de l'électro-trieuse, et j'ai la ferme conviction que, dans peu d'années, beaucoup de mines de fer médiocres exploitées seulement pour le fer aujourd'hui, ou même totalement négligées, donneront, indépendamment d'excellent minerai de fer, des valeurs très-considérables en cuivre, plomb, argent ou étain, etc., gemmes de différentes sortes, etc., et qu'alors les machines électro-trieuses ouvriront une nouvelle voie de production de métaux, non-seulement complétement perdus aujourd'hui, mais qui nuisent réciproquement au produit principal pour lequel les minerais sont traités.

Poursuivant mes travaux, j'ai donné à ma machine électro-trieuse, ou plutôt à un système quelconque d'emploi des électro-aimants, un caractère d'utilité générale, pour séparer tous les corps entre eux, quels qu'ils soient, par l'action de l'électro-aimant combinée avec celle des actions diamagnétiques des distances variables, des densités variables de la matière dans telle ou telle circonstance ; j'ai donné, dis-je, au système un tel développement d'applications possibles, que je ne doute pas que dans quelques années, en marchant dans la voie que je poursuis, on arrivera à de véritables analyses industrielles ayant pour résultat de séparer et classer toute matière avec cette méthode, cette précision, cette infatigable activité, cette prodigieuse vitesse qui caractérisent l'électricité, *cet esprit insaisissable de la matière...* N'est-ce pas sous l'influence de l'électricité que tout ce qui est disséminé dans l'espace indéfini est trié et classé? Pourquoi l'homme désespérerait-il d'appliquer généralement cette méthode générale de la nature?... Une imitation grossière le mènera bien loin.

Un mot me suffirait ici pour qu'il soit constant pour tout le monde par la simple énonciation que nulle machine à trier les poussières en général, quelque complexe qu'en soit le mélange, ne pourra être comparée à celle qu'on construira quand on le voudra en employant mon système spécial d'*électro-triage*. Mais, avant que mon œuvre soit plus avancée, n'ai-je pas à redouter les pirates du travail?

On attache beaucoup d'importance à ce que je fabrique et vende des produits, c'est-à-dire que je traite des questions de gros sous ou que je transforme mes idées en gros sous. C'est bien contre mon gré que je me suis rendu à la nécessité impérieuse dans laquelle est placé un inventeur de n'exister que lorsque son œuvre est traduite en un fait commercial. Ne pouvant aborder commercialement qu'une des branches d'industrie se rattachant à mes travaux, j'ai choisi la fabrication de l'acier, qui comporte l'application la plus délicate de tous ces travaux, et celle qui d'ailleurs donne d'autant plus de bénéfices, que jusqu'à présent on peut dire que la fabrication de l'acier a été une sorte de mystère pour la science et une sorte de profession industrielle maintenue entre les mains de quelques-uns par ses difficultés de pratique, de choix de matières premières, de difficultés de vente des produits et de répugnance des consommateurs, constamment déroutés par la multiplicité des qualités et variétés, constamment trompés par les marques les plus audacieusement frauduleuses, marques desquelles il résultait pour ces consommateurs qu'il n'y avait qu'en Angleterre et en Allemagne que, bon ou mauvais, on faisait de l'acier..., des outils en acier..., des armes en acier..., des aiguilles en acier..., etc., etc.

En rendant la fabrication de l'acier rationnelle et positive, je suis venu, je pense, concourir à satisfaire un des plus grands besoins de l'époque, un des besoins les plus sentis, celui de pouvoir produire partout d'excellents aciers et à bon marché.

Indépendamment de ce que je fabrique de l'acier par des moyens entièrement nouveaux, dans lesquels on distingue la cémentation *à froid* et la compression également *à froid* des matières employées, et que mes produits attestent que j'atteins bien réellement au plus haut degré la perfection des qualités les plus supérieures, j'ai soulevé le voile qui couvrait certaines questions que chacun s'adresse à propos de fabrication d'acier.

Ainsi, je prouve empiriquement qu'entre deux minerais de même richesse, la mesure de qualité pour Moyen empirique de reconnaître un bon minerai pour acier. l'acier est exprimée par la quantité du cément que le métal peut retenir sans perdre sa malléabilité.

Ainsi, par exemple, je démontre que si on compare les minerais de l'île d'Elbe et de l'Oural, on reconnaît que le minerai de l'Oural retient 6 pour 100 de carbone sans que l'alliage cesse d'être malléable, et que le fer de l'île d'Elbe ne peut même retenir 4 pour 100 sans que ce produit soit intraitable.

Poursuivant le mystère de la question de savoir Matière particulière contenue dans les bons minerais d'acier pourquoi il y avait une telle différence dans la nature des minerais, j'ai découvert qu'une terre particulière, probablement nouvelle, entrait dans la composition des minerais supérieurs, et je me propose de publier prochainement quelque chose sur ces deux grands sujets (1).

(1) Le métal particulier dont nous parlons, et qui existe dans l'acier des bons minerais, donne naissance dans l'analyse à une terre dont voici les caractères, parmi lesquels on remarque l'action de l'ammoniaque et des sels ammoniacaux ; on remarque encore l'action des alcalis et des carbonates alcalins employés en excès comme caractères qui semblent indiquer une exception relativement à l'alumine, la silice, etc.

Cette matière fortement calcinée devient insoluble dans les acides.

Traitée par la potasse ou la soude dans le creuset d'argent, elle devient soluble dans les acides.

Les sels qu'elle forme avec les acides chlorhydrique, nitrique, sulfurique, sont solubles et peuvent parfaitement cristalliser.

La potasse et la soude forment un précipité blanc hydraté, insoluble dans un excès de précipitant. Les carbonates de potasse et de soude se comportent de même.

L'ammoniaque et le carbonate d'ammoniaque ne la précipitent pas.

L'Exposition n'atteste-t-elle pas qu'au milieu du développement général qu'a pris l'industrie dans toutes

Le précipité formé par la potasse ou la soude, comme celui formé par les carbonates de ces bases, sont solubles dans l'ammoniaque.

Le phosphate de soude et l'ammoniaque ensemble ne donnent pas de précipité.

L'oxalate d'ammoniaque n'en donne pas non plus.

Le sulfhydrate d'ammoniaque forme un précipité comme dans les sels d'alumine.

L'hydrogène à la chaleur rouge ne la réduit pas.

Jusqu'à ces derniers temps nous avons considéré ou confondu dans nos aciers le métal radical de cette terre sous le nom d'*aluminium*; d'après les caractères ci-dessus et en considérant que nous avons de l'aluminium et par suite de l'alumine avec tous ses caractères ordinaires dans nos analyses, doit-on considérer ce métal que nous signalons comme un métal *nouveau*, ou une modification de l'alumine résultant de l'acidification de l'aluminium réduit? Présomption qui nous est suggérée par suite des travaux que nous avons faits sur l'aluminium, travaux desquels résulte pour nous que dans beaucoup de circonstances l'alumine, comme beaucoup d'autres matières, affecte des caractères nouveaux à chaque oxydation nouvelle du métal qui lui donne naissance.

.....Ces modifications constantes pour nous ne rentreraient-elles pas dans les actions toutes particulières qu'on peut appeler *ozoniques* ou *allatropiques* en général, actions directes d'électricité ou de dissolution des corps dans les acides, par suite desquelles l'oxygène, l'hydrogène, etc., etc., affectent des propriétés et des caractères tout particuliers?... Ce n'est pas ici le lieu de discuter ce point scientifique délicat.

Ce qu'il importe *au plus haut degré* de constater, c'est que le métal est bien réellement à l'état métallique dans nos aciers comme tout le monde peut s'en assurer..... c'est là leur cachet inimitable, et ce cachet résulte de la méthode qui permet la réduction des terres.

Ce cachet, que nous ne pouvons trop signaler comme caractère tout spécial de nos aciers, ne peut non plus être trop signalé comme démonstration péremptoire de la vérité de notre théorie de réduction successive et réciproque de la série des métaux ordinaires alcalins ou terreux que contient un minerai; par là se forment des alliages natu-

ses branches et des perfectionnements qui ont accompagné ce développement, nulle industrie n'a pris depuis quelques années un si grand mouvement ascensionnel de progrès et d'emploi que la fabrication de l'acier ?

Il ne m'appartient pas à ce sujet d'entrer dans des détails qui me conduiraient à des appréciations de mérite qui vous sont déférées, Messieurs les membres du Jury. Je puis cependant remarquer sans inconvénient l'immense tendance que paraît prendre l'acier à se substituer victorieusement à beaucoup d'autres ma-

rels tels que les indique la formation primitive de l'éponge qui a donné naissance au minerai, alliages inimitables, si ce n'est impossibles, dans les méthodes ordinaires, danslesquelles la fusion est la voie de mélanges de matières qui, de fusibilité, de densité, de fixité et d'oxydabilité très-différentes, ne peuvent s'unir par cette fusion que d'une manière excessivement grossière, ce que tout atteste, même dans les alliages les plus simples tels que les loitons, bronzes, etc.

Nous donnons ici avec d'autant plus d'empressement le moyen que nous employons pour constater que la réduction du métal a bien lieu, que ce moyen expliquera que nos principes électro-métallurgiques s'appliquent à l'électro-chimie, ou l'analyse chimique fondée sur les principes des réactions chimiques de la nature par voie humide.

Voici le moyen que nous employons :

Comme le cuivre est, dans l'ordre de réductibilité, bien avant le fer, le manganèse, l'aluminium, le magnésium, le glucinium, tous ces métaux réduiront un sel de cuivre, par exemple le sulfate, en précipitant un équivalent de cuivre, chacun pour former leur sulfate.

La sulfatisation n'arrivera que pour celles de ces matières qui seront à l'état *métallique* dans l'alliage, les autres sont insolubles et faciles à déterminer, car en tous cas isolés de tous les oxydes ou sels qui n'auraient pas été réduits..... Dans la liqueur des sulfates, on procède à l'analyse par les moyens ordinaires qui indiquent quelle est la nature et la quantité de tout métal qui a été réduit.

tières, en raison d'une résistance triple à poids égal, en raison de l'étendue de ses vibrations, en raison de son vif éclat et de sa dureté, en raison de la perfection des méthodes nouvelles qui permettent de l'obtenir en qualité, il est vrai, médiocre, par des systèmes nouveaux, mais de pratique facile et excessivement économique.

Je viens de parler de la cémentation à froid et de la compression à froid.

Relativement à la cémentation, je généralise cette opération, et je prouve qu'il ne faut pas entendre par ce mot la combinaison du fer avec le carbone seulement. En effet, d'abord je fais d'excellents aciers sans aucune trace de carbone sous l'influence du *bore* et des *borates*, aciers qui ont des propriétés tout à fait spéciales. Encore, généralisant complétement la question, je cémente le fer avec tous les métaux, en plongeant les éponges dans des dissolutions alcalines de ceux-ci, ou en faisant des mélanges parfaits d'éponges diverses, et soumises à la compression qui établit des contacts parfaits, qui se complètent par un recuit qui donne lieu à une répartition générale des matières ainsi combinées, de sorte que mes cémentations conduisent à la fabrication des alliages en toute proportion, et d'une manière tellement parfaite que certains alliages extrêmement difficiles à obtenir, ou même d'une obtention impossible, résultent avec la plus grande facilité, la plus grande précision et une économie considérable de mon système général de cémentation.

Ce système, auquel on ne refusera pas l'originalité, ouvre une voie entièrement nouvelle pour varier les qualités apparentes ou internes des métaux, ainsi que leurs propriétés physiques, de manière à satisfaire soit des nécessités senties en industrie, soit des caprices de l'art.

Ainsi j'allie avec la plus grande facilité, non-seulement toute la série des métaux entre eux de manière à constituer l'alliage général de la matière au point de vue curieux, mais, entrant dans l'utilité, au lieu de *galvaniser* les métaux extérieurement, j'en galvanise toute la masse de manière à la rendre inaltérable.

Ainsi encore, entrant dans l'exception des applications particulièrement utiles, j'allie le fer à l'arsenic pour avoir un alliage dur et de beaucoup d'éclat; le fer au plomb pour avoir un alliage qui, très-dur, est cependant onctueux au toucher et rend les frottements excessivement doux; j'allie le fer au zinc pour avoir des alliages très-durs et très-blancs susceptibles d'être moulés; j'allie le fer à l'étain pour avoir des alliages qui peuvent atteindre une grande fluidité et mouler des objets très-sonores; j'allie le fer au cuivre pour avoir des alliages, ou infusibles ou fusibles, d'une résistance considérable; j'allie les métaux précieux pour augmenter l'éclat et même la résistance, etc., etc., etc. Je combine le fer avec les métaux de toutes les terres ou alcalis, etc.

Cet énoncé des résultats auxquels conduit la cémentation à froid la fera considérer, j'espère, non-seulement comme originale, mais comme une des bases les plus larges de progrès qui aient été posées en industrie.

Relativement à la compression qui est de nécessité absolue dans l'emploi métallurgique des éponges et Compression à froid. d'une grande utilité dans celui des matières métalliques divisées, je n'ajouterai rien à une note dans laquelle je développe le rôle de cette compression dans la fabrication des métaux usuels en barres ou lingots.

Ici je m'efforce de faire remarquer que par la compression des matières métalliques divisées, et particulièrement des éponges métalliques, j'ouvre une voie entièrement nouvelle au moulage des métaux avec une perfection inimitable par les fusion et compression à chaud.

D'après ce que je sais, ce n'est plus qu'une question de capital pour établir des machines de compres- Moulage des métaux à froid. sion puissantes et des matrices de toutes sortes, et alors une roue de wagon, un engrenage, une bielle, une manivelle, un ornement quelconque pourront être moulés à froid avec la dernière perfection artistique et la dernière perfection de matières disposées au mieux pour l'usage qu'elles devront satisfaire, en plaçant ici le cuivre, là le fer, ailleurs l'acier, ailleurs encore les ornementations dans la même pièce, et enfin rendant toute la masse inaltérable en suivant les principes que nous venons d'énoncer pour la formation des alliages.

Ainsi envisagée, la compression à froid prend un intérêt général; on voit que c'est encore une des plus larges bases posées depuis longtemps pour favoriser le progrès artistique et industriel dans l'emploi des métaux, en même temps qu'un autre moyen nouveau de les élaborer.

Ces lignes trop longues, mais que je n'ai pu limiter, malgré les efforts que j'ai faits à ce sujet, sont, Messieurs, le résumé des travaux dont j'ai exposé des spécimens ; je ne parle pas de ceux que je poursuis et dont le manque d'espace à l'Exposition ne m'a pas permis de vous soumettre l'appréciation.

Je regrette cependant beaucoup, entre autres choses, de n'avoir pu exposer mon système de génération, normalisation et emploi des gaz, emploi dans lequel on distinguerait particulièrement la fabrication des métaux par leur précipitation dans leurs dissolutions ignées sous l'influence des gaz alternativement *réducteurs* et *oxydants*. Sous l'influence de la même action, on trouverait l'affinage des métaux à l'état solide et par conséquent la transformation rapide d'une pièce de fonte en une pièce d'acier ou de fer sans transformation de la forme du moulage en fonte.

Je regrette encore de n'avoir pu exposer mes appareils de vaporisation et de distillation qui jettent un jour tout nouveau sur cette importante question, et réforment complétement les idées obscures sur ce qu'on appelle *surface de chauffe*, mot qu'on prononce vulgairement dans la science et l'industrie sans qu'il soit possible de s'entendre et s'arrêter à des bases fixes, par la raison très-simple que *surface de chauffe* est un mot complétement vide de sens, si on isole le mot *surface* de celui d'*épaisseur* du métal dont la surface

est en contact avec l'agent caléfiant. Je fixe cette épais
seur d'une manière absolue et rigoureuse pour une circonstance donnée de vaporisation, remplaçant le mot
vide de sens (surface de chauffe) par celui rigoureux
poids du métal chauffé, mesuré par les rapports de
chaleur spécifique des métaux et des liquides, vapeurs
ou gaz employés.

Je regrette de n'avoir pu exposer mes systèmes d'en-
trafnement et par suite de classification, d'épura-
tion, etc., des matières lourdes ou des gaz par les vapeurs, gaz ou liquides animés d'une grande vitesse et
agissant, indépendamment de *classificateurs*, comme
trombe, ventilateur ou machine soufflante, aspi-
rante et foulante d'une simplicité sans égale.

Je regrette encore de n'avoir pu exposer mes systèmes de génération de l'électricité et d'application
de ces systèmes.

Je regrette encore de n'avoir pu exposer de grands
spécimens du ciment métallique français dont la valeur de résistance à tous les agents atmosphériques, à
l'eau de la mer et même aux acides, est aujourd'hui
une chose attestée par plus de six ans d'expériences,
et c'est un véritable reproche pour l'époque, que la
postérité adressera à celle-ci, qu'on me demande de
mettre la truelle à la main et me faire entrepreneur
de bâtiments pour que ce ciment devienne l'élément
principal de toutes les constructions d'intérêt public
et privé; car ce produit résulte d'actions absolument analogues à celles qui ont donné naissance
aux matériaux les plus estimés de la nature pour

leur résistance, leur beauté et leur facilité d'emploi.

En général, on exige d'un inventeur beaucoup plus qu'il ne peut faire, et je dirai ne doit faire ;... on le poussant à l'application par lui-même, on le jette invinciblement ainsi que son invention dans le sac du financier qui ne les en extrait que par motif de spéculation ;... l'inventeur et l'invention ne sont bons pour lui que si la spéculation peut s'exercer sans autre travail que la création de papier ; et comme il est bien rare que, par un motif ou par un autre, la spéculation puisse être immédiate, beaucoup d'inventions du plus haut intérêt public périssent dans l'oubli et l'inventeur dans la misère..... Lorsqu'on veut appliquer l'idée de l'inventeur, une multitude de difficultés qu'il avait prévues et résolues deviennent des difficultés nouvelles souvent insolubles pour d'autres esprits que l'inventeur originel.

Quand donc l'inventeur, au lieu d'être considéré comme un conspirateur et un perturbateur du repos des indolents, sera-t-il considéré comme la sentinelle courageuse, inébranlable, silencieuse et avancée des nécessités qui nous menacent en raison du développement de la civilisation et par conséquent de nos besoins ?

J'ai l'honneur d'être avec un profond respect,

Messieurs,

Votre très-humble serviteur.

ADRIEN **CHENOT,**

Ingénieur civil des mines, à Clichy-la-Garenne.

CHAPITRE I.

Préparation des matières premières.

NORMALISATION DES COMBUSTIBLES SOLIDES.

Nous entendons par normalisation des combustibles l'opération par laquelle ils sont tous ramenés à jouir des mêmes propriétés chimiques et physiques que le charbon de bois; c'est-à-dire les ramener : 1° à ne contenir ni soufre, ni phosphore, ni arsenic, etc. ; 2° à brûler à l'état sec comme le charbon de bois ; 3° à constituer les cendres fusibles au moins à l'égal de celles du charbon de bois.

Ces différents buts sont atteints en traitant les combustibles minéraux, soit pendant la carbonisation, soit après celle-ci, par les alcalis et principalement le chlorure de sodium pour les combustibles crus.

Sous cette influence et celle de la chaleur rouge de la carbonisation des combustibles crus et de la même chaleur appliquée aux combustibles carbonisés, après immersion dans la dissolution alcaline, il se produit les effets suivants que j'énonce seulement :

1° Les sulfures, phosphures, arséniures métalliques *insolubles* passent à l'état de sulfures, puis de sulfates,

phosphates, arséniates alcalins *solubles*. Par conséquent, un lavage enlève le soufre, le phosphore, l'arsenic, ce que mes plagiaires n'ont pas aperçu ; ils n'ont
pas aperçu encore que le lavage était indispensable :
1° pour récolter les sels formés ; 2° pour enlever l'excès
inévitable d'alcali et particulièrement le chlorure de
sodium dont les vapeurs étouffent la combustion et
corrodent tous les appareils. Mes plagiaires n'ont pas
aperçu encore que les combustibles carbonisés, pouvant absorber une dissolution saline titrée en raison
de leur porosité, pouvaient être normalisés à peu près
aussi bien que les combustibles crus.

Le lavage du coke obtenu sous l'influence de l'alcali, ou de celui traité par l'alcali, est donc une opération
de la plus haute importance ; car le combustible n'est
réellement normalisé que par ce lavage, puisque, d'une
part, les sulfates, phosphates et arséniates alcalins
sont au moins aussi nuisibles en présence des métaux
que les sulfures, phosphures, arséniures, et que, d'autre part, l'excès d'alcali, et particulièrement cet excès
à l'état de chlorure, rend la combustion difficile,
destructive pour les appareils et tout à fait insalubre
pour les animaux.

2° Sous l'influence de l'alcali dans la carbonisation,
et suivant la quantité de cet alcali relativement aux
cendres ou terres, ces terres sont rendues fusibles et
même solubles si on veut pousser à cette conséquence,
ce que mes plagiaires n'ont pas aperçu.

3° Sous l'influence de l'alcali, les terres fusibles
forment dans la carbonisation un ciment qui fait col-

ler les combustibles qui ne colleraient pas sans cette influence; aussi je représente du coke d'anthracite obtenu avec des poussières de ce combustible, encore du coke obtenu avec de la poussière de coke. Mes plagiaires n'ont pas aperçu cet effet.

Un troisième procédé de normalisation repose sur l'action des gaz et particulièrement du chlore et des vapeurs hydrochloriques sur le combustible carbonisé; mes plagiaires n'ont pas aperçu l'utilité que pouvaient avoir ces actions de vapeurs ou de gaz.

Enfin, mes plagiaires n'ont pas aperçu ceci de très important que, dans la carbonisation des combustibles à vase clos pour obtenir les gaz par la distillation et la carbonisation, ces gaz étaient eux-mêmes normalisés, si on employait les alcalis qui, retenant le soufre, le phosphore, l'arsenic, mettaient obstacle à ce que les gaz continssent ces matières.

Dans ce cas, comme il est parfaitement évident qu'il est impossible d'employer les alcalis à l'état de chlorure, parce que, d'une part, le chlore condenserait une partie du percarbure d'hydrogène, et, d'autre part, que le chlore resterait dans les gaz, il est démontré par cela même, et par tout ce que nous venons de dire, que notre système n'a pas du tout été compris comme principe général consistant à transformer en sels solubles des sels insolubles, principe ayant pour conséquence d'utiliser la solubilité qu'on a recherchée pour se débarrasser du soufre, phosphore, arsenic, etc., et récolter le sel alcalin employé nécessairement en excès, de même que les sels formés dans la réaction : sulfates, phosphates, arséniates.....; principe qui n'est pas appliqué si on ne lave pas avec le plus grand soin ; il n'est que contrefait maladroitement.

On n'a pas compris non plus notre système au point de vue de la préparation des combustibles, que nous recommandons expressément de pulvériser, principalement pour que les réactions à produire aient leur plus immédiat effet, accessoirement pour le cas des mélanges des combustibles, afin de pouvoir opérer ces mélanges intimement avant la carbonisation, et, après celle-ci, avoir pour résultat des produits homogènes parfaitement soudés et agglomérés comme le sont les poussières de coke et d'anthracite que nous exposons et qui témoignent combien la pulvérisation conduit à un résultat complet sous tous les rapports.

Tout cela était dans la note que nous avons adressée à l'Académie, en réclamant notre priorité de deux ans sur le chimiste anglais, qui ne donnait aucun procédé et discutait seulement sur les réactions du chlorure de sodium qu'il avait probablement entendu prononcer, et depuis très-peu de temps; car on conçoit que, quant à nous, notre note n'était pas une improvisation, et que nos deux années avaient bien été employées pour arriver à un système aussi étudié, aussi complet sous toutes ses faces, qu'il l'était lors de la note du chimiste anglais.

Nota. La normalisation des combustibles est à peu près impossible en France, en raison des lois sur les alcalis et particulièrement le chlorure de sodium, dont l'usage direct ou indirect est cependant destiné à jouer en métallurgie un rôle qui ne tardera pas à devenir indispensable au progrès concurrentiel des nations, dont les plus favorisées seront celles qui disposeront des alcalis dans les conditions les plus favorables.

On remarque que je parle de plagiaires. Ma lettre à MM. les membres du jury et qui précède cette note explique le motif de cette expression.

CHAPITRE II.

Préparation des matières premières.

NORMALISATION , ENRICHISSEMENT ET GÉNÉRATION DES GAZ POUR ÉCLAIRAGES ; CHAUFFAGES , FUSIONS ET COMBUSTION.

Les appareils relatifs à cette partie de progrès de la plus haute importance n'ont pu être exposés. J'explique donc que ces appareils consistent : 1° dans l'emploi des gazomètres pour recueillir et distribuer les gaz en général, mais particulièrement ceux qu'on appelle flammes perdues des appareils métallurgiques. Ces gaz sont rectifiés et enrichis par différents moyens et particulièrement par des appareils de décantation opérée sur la plus vaste échelle. Ces appareils, divisant les gaz suivant leur densité, donnent le moyen d'opérer sur chacun suivant qu'il est besoin.

2° Dans la transformation des combustibles en gaz, j'ouvre une voie nouvelle pour augmenter de beaucoup la puissance calorifique des gaz de combustion par l'emploi d'une très-grande proportion de carbonate de chaux ou d'autre carbonate dans la transformation par combustion de l'oxygène de l'air. Ces carbonates, abandonnant leur acide carbonique, four-

nissent à la combustion de l'oxygène pur et du carbone pur; d'où résulte qu'en résultat, la proportion
de l'azote peut être diminuée des deux cinquièmes relativement à son rapport dans les gaz combustibles que
donne la combustion ordinaire. Ces carbonates en très-
grande proportion ne fondent pas dans les appareils;
ils forment de la chaux révivifiable, pouvant servir de
source indéfinie d'acide carbonique, ou bien encore
cette chaux peut être vendue avantageusement... Les
carbonates jouent encore un rôle indispensable pour
que les appareils puissent fonctionner longtemps sans
réparations; car, par la proportion de ces carbonates,
les fourneaux sont maintenus à la température seulement nécessaire pour la transformation de l'acide carbonique en oxyde de carbone, sans que cette température puisse s'élever assez pour attaquer les appareils,
destruction qui est inévitable rapidement en brûlant
du charbon seul.

3° Par le système précédent, les gaz ne sont purs
qu'aux deux tiers; mais à cet état ils suffisent à produire les plus hautes températures nécessaires à la métallurgie.

4° Pour l'obtention des gaz purs, et particulièrement d'éclairage ou de combustion, une série d'appareils satisfont par des moyens nouveaux à toutes les
conditions de cette production économique... Nous
employons particulièrement à cet effet les combustibles divisés, et plus particulièrement les éponges métalliques, sous l'influence desquelles l'eau est décom-
posée à très-basse température.

5° Pour l'éclairage et le chauffage nous avons imaginé un système d'appareil qui, installé sur un chariot, produit le gaz à la porte de chacun, de manière à pouvoir approvisionner la plus grande ville en quelques heures sans aucune conduite générale, ni gazomètre général.

6° Comme rien n'est si difficile et si dangereux que de brûler les gaz, nous avons imaginé un système au moyen duquel le mélange nécessaire des gaz avec l'air se fait d'une manière intime sous l'influence seule de l'émission du gaz, de manière qu'il n'y a jamais de mélange de gaz et d'air préexistant avant la combustion.

7° Enfin, nous faisons jouer aux gaz un nouveau rôle en métallurgie ; ils servent, d'après notre système, à affiner les métaux, et particulièrement la fonte, sans autre outil ni main-d'œuvre employés pour un affinage complet que la manœuvre d'un robinet.

8° Par suite de ce système d'affinage, le métal peut être obtenu directement moulé sous une forme déterminée à un état de solidité et d'homogénéité parfait... Ce moulage résulte pour le fer, par exemple, de la forme de la sole sur laquelle on opère l'affinage de la fonte. Par suite de l'affinage par les gaz, alternativement oxydants et réducteurs, le fer, infusible par rapport à ses carbures et oxydes, se précipite dans ceux-ci au fur et à mesure de leur affinage et réduction... Encore ce système conduit à obtenir directement le fer sous une forme quelconque en réduisant ses oxydes fondus par le gaz... Dans toutes ces actions, les gaz agissent à très-haute pression, produisant l'action mécanique d'agitation nécessaire pour l'affinage et la précipitation, en même temps que les actions chimiques et calorifiques que comporte leur nature.

9° Par les mêmes gaz, comme autre solution, les métaux sont affinés à l'état solide. Ainsi une pièce de fonte moulée sous une forme quelconque, si grande et si grosse qu'elle soit, est transformée en tout ou partie en une pièce de fer ou d'acier, ou encore ici en acier et là en fer.

10° Enfin encore, relativement aux soudages et fusions, nous faisons jouer aux gaz un rôle tel, que la plus grosse pièce de forge peut être soudée et travaillée en plein air.

On remarquera que, dans les deux systèmes qui résultent des principes d'affinage posés ci-dessus, la condition de l'ouvrier est complétement changée; c'est un spectateur intelligent qui, dans nos méthodes, préside à des actions chimiques rigoureuses et mathématiques, exécutées par des manœuvres de robinets ; tandis que, dans les méthodes routinières, l'empirisme aveugle condamne l'ouvrier aux *supplices de l'enfer;* car, dans les actions d'affinage, puddlage ou gros soudage, il ressemble beaucoup plus aux démons, que nous imaginerions s'agiter sous les ordres de Satan pour torturer, qu'à un être intelligent poursuivant un but d'amélioration générale de la condition humaine.

CHAPITRE III.

Préparation des matières premières.

Nous ne répéterons pas ici ce que nous avons dit dans notre lettre à MM. les membres du jury sur le système général d'actions des électro-aimants que nous introduisons dans la grande industrie métallurgique et minéralogique, et que nous espérons faire pénétrer dans tous les cas où il y a lieu de tirer une matière quelconque ou de séparer un mélange de matières quelconque et en faire en résumé l'analyse *matérielle, industrielle*.

Nous écrivons les quelques lignes qui suivent pour faire comprendre que les minerais de fer et autres en général sont·destinés à changer de rôle en industrie, et que, devant prochainement entrer dans le mouvement général des matières premières sous l'influence de *l'ubiquité* qui résulte du grand système de relations nautiques et terrestres qui se développent de plus en plus de jour en jour, l'intérêt des machines électro-trieuses est pour ainsi dire indiqué comme nécessité de l'époque de transition que nous signalons, et ces machines font partie du programme de l'avenir.

En effet, d'une part, si, depuis l'origine de la métallurgie, les minerais ont été jusqu'à nos jours, comme les cours d'eau il y a peu d'années, des éléments de localités utilisés seulement dans les localités qu'ils favorisaient, il est incontestable que, de même que les cours d'eau, *forces maladives*, ne sont plus du tout une condition indispensable d'une usine, et qu'ils sont remplacés par la force facultative de la vapeur en toute saison, de même la présence des minerais, pas plus que celle des combustibles, ne sera bientôt plus la condition d'existence des plus puissants établissements ; tout indique leur siége sur les grands centres de mouvement, sur terre, sur les fleuves et sur mer.

Ce grand mouvement de rapports qui met aujourd'hui les hommes les plus éloignés en rapports d'intelligence en quelques minutes, et en rapports personnels dans quelques jours, exerce déjà sur les matières premières son influence spéciale de répartition générale de tous les biens réservés à l'homme par la Providence, dont les magasins sont inépuisables ; il n'est besoin que de les chercher, les ouvrir et les rendre accessibles à tous.

Ainsi, les minerais de fer principalement sont destinés à jouer un rôle considérable dans le mouvement général de la matière, non-seulement entre les différents points du domaine d'une même nation, mais entre les différents points du domaine de toutes les nations..... Au point de vue de la fabrication du fer telle qu'on l'entend et telle qu'on a pu l'entendre jusqu'aujourd'hui, le développement d'emploi, et par conséquent de fabrication du métal *usuel*, indique suffisamment combien l'importance du minerai de fer va croissant ; mais si on considère qu'à l'état d'ÉPONGE MÉTALLIQUE le fer est destiné comme dans la nature à servir de force *excitatrice* et *initiale* dans une multititude d'actions *industrielles, scientifiques* et *artistiques*...., qu'il est destiné, suivant nous, à résumer *sous le plus petit poids et le plus petit volume possible* tous les autres combustibles en une force *absolue, uniforme* et *maximum* pour un poids donné d'éponge, quel que soit le combustible employé pour la produire, les minerais de ce métal seront considérés par toutes les nations comme la richesse la plus importante du sol et la matière la plus essentielle aux besoins généraux..... Il résultera de ces considérations, pour les économistes et législateurs, que si les minerais de fer ont été attribués jusqu'à présent à titre de concession aux maîtres de forges ou autres spéculateurs, les concessions de ces matières doivent revenir au domaine public ; car si on général les concessions, et particulièrement celles de minerais de fer, nous paraissent une mauvaise voie suivie et tracée d'après la loi du 21 avril 1810, aujourd'hui il nous paraît incontestable que la raison d'être des concessions de minerais de fer au moins étant tout à fait changée, elles doivent faire retour au domaine public, pour que chaque individu par son activité puisse contribuer à la richesse de la nation, en poursuivant l'emploi des minerais de fer tel que je le comprends, *grand, immense, indéfini*.

Ces considérations générales dominent tellement mon

sujet qu'elles élèvent l'utilité des machines électra-
trieuses bien au delà de ce qu'il est permis à un inventeur de l'exprimer; et comme par ces considérations
l'intelligence de tous ne peut pas manquer d'être suffisamment ouverte à l'utilité de l'électra-triage, qui vient
à l'époque indiquée par le mouvement du progrès général, je me trouve dispensé de plus de détails.

CHAPITRE IV.

Actions d'oxydation et de réduction.

————

Comme les deux mots *oxydation et réduction* renferment, à notre sens, l'expression générale de tout le grand et sublime mécanisme naturel, de tous les problèmes de la science, de toutes les petites solutions humaines dans les arts et particulièrement de celles qui se rattachent à la métallurgie, nous allons en quelques mots motiver cette pensée. Par ces motifs nous expliquerons sur quelles bases doivent être établis la nomenclature, les principes et les moyens d'une nouvelle métallurgie aussi rigoureuse que possible.... Personne ne s'étonnera que la science métallurgique et la minéralurgie positives ne soient autre chose que celle de la physique et de la philosophie du globe.

§ 1. — *Action d'oxydation.*

Physique et philosophie du globe.

Après la création, tout était à l'état *naissant*, et nous osons émettre cette pensée que les corps à l'état

d'éponge métallique sont cet état *naissant* de la création, état qu'il nous est permis de reproduire en rame-
nant la matière oxydée à cet état naissant par une
action de réduction.

A l'état naissant, la matière n'avait contracté aucune combinaison, aucune alliance, tout était classé
dans l'ordre que le repos assigne aux deux états de la
matière que l'on peut supposer pure, ces deux états
représentés par l'état gazeux et l'état spongieux. La
matière à l'état spongieux était enveloppée d'une atmosphère de gaz oxydants et réducteurs de moins en
moins denses au fur et à mesure qu'ils étaient plus
éloignés de cette matière, dans l'espace, à l'état d'éponge
métallique.

A toutes ces éponges la nature avait dévolu un rôle
distinct en leur assignant un ordre de combustibilité
ou de capacité pour l'oxygène ; ce gaz était naturellement placé par sa densité au plus près de la matière
combustible ou d'éponge métallique dont l'inflamma-
tion devait donner la chaleur au globe. Les métaux les
plus oxydables furent les premiers agents de dégagement de chaleur ; celle-ci, d'une part, échauffa l'atmosphère de proche en proche, la dilata et mit en mouvement par cette action la matière gazeuse ; d'autre
part, les matières moins combustibles, échauffées de
proche en proche par la combustion des plus combustibles, passèrent successivement à un état d'ignition.
Il y eut donc au commencement de la combustion du
globe spongieux des zones de matières qui entrèrent
en combustion bien longtemps avant d'autres zones

qui restèrent à l'état naissant. Mais, sous l'influence de la combustion, l'équilibre des masses fut rompu par la combustion qui augmenta le poids de certaines zones de 20 à 40 p. 100 par l'oxygène condensé par l'éponge. Mais, cet équilibre étant rompu, il y eut mouvement dans l'espace; ce mouvement s'accéléra bientôt dans le sens déterminé par la force initiale imprimée par la combustion ou action d'oxydation; .... il se perpétue aujourd'hui sous l'influence de la même force.

Pendant longtemps la surface du globe émit dans l'espace une chaleur énorme, tandis qu'échauffant les zones inférieures de sa propre matière, la combustion pénétra de proche en proche par échauffements successifs favorisant l'absorption de l'oxygène à des profondeurs successivement croissantes et bientôt assez grandes pour que le rayonnement de la combustion des éponges en ignition n'imprimât plus à la surface de la terre qu'une chaleur modérée.

A cet âge du globe, naquirent les agents de réduction de la nature, les végétaux; les vapeurs de carbone s'étaient associées à l'oxygène, en même temps que de hautes températures étaient développées à la surface du globe ou à de petites profondeurs de cette surface..... L'acide carbonique abonda donc à la surface du globe lorsque naquirent les réducteurs, et leur développement dut être prodigieux; car, en même temps qu'ils naissaient, l'eau en vapeur formée par la combinaison de l'oxygène en mouvement avec l'hydrogène des zones élevées se condensait sur les géants végétaux des premiers âges, au fur et à mesure que, réduisant l'acide carbonique, ils s'appropriaient son carbone et émettaient de l'oxygène naissant dans l'atmosphère pour perpétuer son rôle et préparer les premiers âges des animaux.

Par cette vie des végétaux ou *grands réducteurs*, la chaleur des combustions ou oxydations était absorbée par les réductions. Ces deux forces se mirent bientôt dans l'équilibre nécessaire à un mouvement régulier, à une chaleur constante, à une lumière régulière, à une circulation d'électricité sans secousse, et par suite à la vie des animaux.

Bref, on le voit : si nos spéculations ne sont pas trop hasardées, et en restant dans ces simples termes de la philosophie naturelle, telle que nous l'envisageons, la chaleur, la lumière, le mouvement et l'électricité, cet esprit de la matière, résultèrent des actions d'oxydation et de réduction, et sous cette double influence résulta la vie réciproquement nécessaire aux animaux pour les végétaux et aux végétaux pour les animaux.

Nous retrouverons dans la métallurgie les mêmes lois que celles que nous indique la philosophie naturelle. Nous retrouverons les métaux s'oxydant ou se réduisant dans un ordre constant et parfaitement régulier, qui fut dès la création la loi d'ordre et d'hiérarchie imperturbables que Dieu fit à la matière.

La théorie de l'illustre Davy ne nous apparaîtra plus une savante fiction électro-chimique ; elle nous apparaîtra la plus grande révélation des lois naturelles..... lois applicables à la matière animale, à la matière végétale comme à la matière minérale ; car toutes, à quelque ordre qu'elles appartiennent, appartiennent à la matière minérale... *Pulvis es et in pulverem reverteris.*

Reconnaissant alors qu'une action d'oxydation ou une action de réduction ne s'exerce jamais sur deux états de la matière à la fois, mais qu'elle s'épuise sur un seul, sans nullement passer à un second avant que la réduction ou l'oxydation soit complète pour le premier dans l'ordre de réductibilité ou d'oxydabilité, nous considérerons les tables électro-chimiques de Davy, quelque erronées qu'elles puissent être, comme une route tracée que tout nous invitera à élargir et perfectionner par tous les moyens possibles ; car nous la considérerons comme la plus grande voie qui puisse conduire aux vérités métallurgiques.

Ayant reconnu l'importance de connaître la loi de hiérarchie de la matière sous l'influence des actions d'oxydation et de réduction, nous trouverons bientôt après que, pour un même état de la matière et dans les mêmes circonstances, la force dépensée pour réduire est exactement la même que celle qui résultera d'une action d'oxydation sur cette matière réduite ; d'où naîtra pour nous l'idée de solidarité nécessaire dans les actions de réduction et d'oxydation produites dans nos arts. Nous étudierons cette solidarité et nous reconnaîtrons qu'il est nécessaire de la respecter et la maintenir en métallurgie comme dans la nature, pour obtenir le meilleur produit possible et en utilisant au mieux les forces dépensées. Ainsi les grandes lois naturelles qui régissent la matière sous l'influence des actions d'oxydation et de réduction seront pour le métallurgiste l'enseignement de la vérité sur les principes et les moyens d'action qu'il doit modestement s'efforcer de connaître et d'imiter autant que possible.

D'après notre système, l'explication des grandes perturbations terrestres, des grands accidents de constitution, de la formation des couches, filons, de l'origine des volcans, sources thermales, etc., ne paraît-elle pas infiniment plus simplifiée et plus rationnellement interprétée ?

§ 2. — *Pyro-galvanie.*

Les roches formées à la surface du globe par oxydation sous l'influence d'une très-haute température développée par la combustion ou oxydation des éponges des métaux qui sont les radicaux de ces roches ; ces roches, disons-nous, sont inaltérables pour nous; car, arrivées au maximum d'oxydation, elles ne peuvent plus être modifiées que par réduction.

Or, cette réduction exige une dépense calorifique égale à la température produite par la condensation de l'oxygène dans la période d'oxydation, et comme la température est aujourd'hui bien inférieure sur la surface du globe de ce qu'elle fut lors du période d'oxydation, les réducteurs ne peuvent exercer aucune action sur ces roches, ce sont donc des oxydes inaltérables.

Il résulte de là la révélation des principes à suivre dans la pyro-galvanie, c'est-à-dire l'art de galvaniser un métal sous l'influence de la chaleur et de le rendre inaltérable par cette pyro-galvanie.

§ 3. — *Galvanisation d'un métal.*

A cet effet, et réduisant ce nouvel art à ses principes élémentaires, si nous prenons un métal et le portons à la température nécessaire pour qu'il y ait oxydation de sa surface par l'action d'un oxydant, cette première oxydation sera très-peu active sur un métal *usuel,* parce que la combustion sera très-lente et par conséquent la chaleur dégagée ne vitrifiera pas l'oxyde et ne le soudera pas au métal d'une manière intime. Mais si à cette première action d'oxydation on fait succéder une action de réduction, l'oxyde formé dans la première oxydation est transformé en éponge ou métal naissant excessivement combustible. Si alors on fait agir de nouveau l'agent d'oxydation, la combustion du métal est excessivement active, l'oxyde fond et se soude au métal porté à une très-haute température par la formation de son propre oxyde. Alors le métal est pyro-galvanisé par sa propre matière à un autre état que lui-même et exerçant une action électro-chimique opposée à celle qui lui est propre; la loi de Davy est satisfaite beaucoup mieux qu'en recouvrant un métal par un autre...... Les fers oligistes spéculaires nous garantissent la durée et la bonté de la pyro-galvanie du fer.

§ 4. — *Décoration des métaux par voie pyro-galvanique.*

En couvrant le métal à traiter de peinture de différents métaux et employant judicieusement les actions alternatives d'oxydation et de réduction, tenant compte de l'ordre de réductibilité et d'oxydabilité des métaux entre eux, en tenant compte également des variations de couleur des oxydes et des métaux suivant la température à laquelle on opère, on arrive à faire de la pyro-galvanie un art de décoration inaccessible à tous autres moyens et s'étendant non-seulement à tous les métaux, mais à toutes les terres.

Dans le période de réduction, le métal passe à un état qui constitue le *décapage* le plus parfait qu'on puisse imaginer..... Ce métal prend sa couleur vraie, celle du fer et du *blanc d'argent*.

§ 5. — *Affinage de métaux à l'état solide par la pyro-galvanie.*

Si l'on considère que, sous l'influence des actions de réduction et d'oxydation, non-seulement la matière métallique obéit rigoureusement à la loi hiérarchique qui la gouverne et la classe électro-chimiquement dans un ordre parfaitement déterminé, invariable et imperturbable dans toutes ses actions, soit naturelles, soit industrielles ; si l'on considère, disons-nous, que la matière prend encore différents états sous les influences d'oxydation et de réduction, on arrive à un système complet d'affinage des métaux à l'état solide.

Ainsi, comme le carbone est plus combustible que le fer, il sera éliminé dans les actions d'oxydation, de chloruration, de fluorisation, etc.

Ainsi, comme le zinc est volatil à l'état de métal et fixe à l'état d'oxyde, il sera éliminé par voie de réduction.

Ainsi, comme l'antimoine est plus volatil à l'état d'oxyde qu'à l'état de métal, il sera éliminé par voie d'oxydation.

Tels sont à grands traits les éléments du mécanisme au moyen duquel on affine un métal à l'état solide, et par conséquent tels sont les principes d'après lesquels on peut convertir une pièce de fonte en une pièce de fer sans aucun changement de forme. Tels sont encore les principes qui, appliqués judicieusement, permettent d'obtenir d'une pièce de fonte une pièce qui sera ici de fer, là d'acier, ailleurs de fonte.

Tels sont encore les principes au moyen desquels on affinera les métaux à l'état usuel, tels que le cuivre, l'argent, l'or, le plomb, le fer, pour en abstraire le soufre, l'arsenic, le phosphore, le carbone, etc.

§ 6. — *Lito-génésie.*

Ainsi, au point de vue de la métallurgie et de notre modeste but dans cette circonstance, nous voyons les actions d'oxydation représenter les actions calorifiques; celles-ci avoir pour résultat la condensation de l'oxygène dans la matière métallique, qui devient alors litoïde. C'est pourquoi nous représentons par notre *ci-*

ment métallique français l'universalité de la formation des pierres ou minéraux, roches, formations que nous appelons du nom générique de *lito-génésie*.

En effet, si nous moulons un globe avec des éponges de différents métaux à l'état naissant ou d'éponge métallique, ou encore avec ces métaux mêlés avec différentes matières oxydées, et que nous soumettions cette sphère à une action d'oxydation, il se passera exactement les phénomènes que nous avons supposés dans la formation du globe : un grand dégagement de chaleur se produira à la surface de notre sphère ; les oxydes formés la couvriront d'une croûte litoïde qui, allant constamment en augmentant d'épaisseur, finira successivement par atteindre le centre de cette sphère ; successivement aussi la chaleur de la surface diminuera au fur et à mesure que l'enveloppe d'oxyde augmentera ; finalement toute chaleur cessera de dépasser la chaleur du milieu dans lequel sera notre sphère ; alors, si nous la brisons, nous trouverons qu'elle a augmenté d'environ 30 p. 100 de poids, tout en diminuant sensiblement de volume et se fendant d'une manière généralement régulière ; et qu'enfin la matière oxydée a tous les caractères d'une pierre, d'une brèche, d'un marbre, d'un pouding ; qu'au milieu de cette masse, certains métaux seront restés à l'état natif ; que pour d'autres l'oxydation commence seulement ; que d'autres se sont portés du centre à la surface ; que quelques-uns se sont volatilisés, etc., etc... Nous aurons donc l'image la plus simple de ce que nous supposons représenter l'oxydation progressive de notre planète, ce qui nous autorise à comparer notre ciment métallique français à une pierre formée d'après les mêmes principes, les mêmes lois et les mêmes moyens qu'une roche naturelle, ce qui motive notre dénomination de lito-génésie.

CHAPITRE V.

Propriétés générales des corps à l'état d'éponges métalliques.

§ 1. — *Réflexions générales.*

C'est à l'exposition de 1849 que, pour la première fois, je signalai par différents produits quelques propriétés remarquables des corps à l'état d'éponge métallique et particulièrement le fer.

J'étudiais et produisais ces matières dès 1836. M. Thiriat, dans sa Statistique de la haute Saône, signale déjà mes efforts dès cette époque.

A l'exposition de 1849, mes produits étaient accompagnés d'une légende sur laquelle on lisait : « Les corps « à l'état d'éponge métallique, comparés à la matière à « l'état usuel, sont de nouvelles matières pour les scien- « ces, les arts et l'industrie; car les éponges métalliques « des corps représentent l'état *naissant* de ceux-ci. A cet « état naissant, les atomes sont à distance, prêts à s'asso- « cier à la matière la plus propre à remplir cette dis- « tance et former ce que nous appelons une combinaison, « combinaison qui, comme on le voit, *n'est qu'une ou* « *plusieurs enveloppes qui recouvrent l'atome.* »

En 1849 encore, résumant toutes les propriétés des corps à l'état d'éponge à la propriété qui les caractérise au plus haut degré, leur combustibilité plus grande que celle des corps les plus combustibles que nous connaissions, et beaucoup plus énergique dans ses effets que celle d'un combustible quelconque, je disais : « Les corps à l'état d'éponge métallique ne brû-
« lent pas comme les combustibles usuels, la combus-
« tion de ceux-ci entraîne la gazéification du combus-
« tible et du combureur. La chaleur produite se dis-
« perse donc dans l'espace.... Par la combustion d'un
« corps à l'état d'éponge métallique, l'oxygène est con-
« densé dans l'intervalle des atomes, l'éponge augmente
« de tout le poids de l'oxygène associé, et dans cette
« association le calorique produit est absolument loca-
« lisé, ne se répandant dans l'espace que par rayonne-
« ment.... Ici encore, il y a deux sources de chaleur,
« celle du calorique latent de l'oxygène , calorique la-
« tent qui devient libre, et celle qui résulte de la con-
« densation de l'oxygène à une telle pression qu'il passe
« à l'état solide , pression qui certainement dépasse
« 300 atmosphères. »

Par suite de ces idées sur les propriétés combustibles des corps à l'état d'éponge, je signalai l'avenir de l'éponge de fer comme devant un jour servir de combustible dans la navigation et proposai de tenter des essais pour employer les minerais de fer d'Afrique à faire des éponges métalliques de ce métal avec de mauvais combustibles qu'on trouve abondamment sur tout le littoral de la Méditerranée et qui ne peuvent être employés en raison de leur poids, de leur volume et de leur difficile combustion.

J'expliquai que, comme l'éponge métallique pouvait être faite avec les plus mauvais combustibles et qu'après la fabrication elle serait l'unité de puissance calorifique maximum, quel qu'ait été le combustible employé pour la produire, il en résulterait que cette éponge métallique serait au combustible employé pour la produire comme l'alcool absolu est aux matières dont on peut l'extraire, si peu qu'elles en contiennent, et que, de même que l'alcool absolu brûle parfaitement et avec le maximum de chaleur sous un très-petit volume, tandis que l'alcool étendu de plusieurs volumes d'eau brûle très-difficilement, donnant très-peu de chaleur sous un très-grand volume; de même l'éponge de fer résumerait la puissance calorifique des combustibles employés à la produire à des poids et volumes infiniment moindres et donnerait des effets calorifiques supérieurs aux combustibles les plus précieux.

J'ajoutai que le minerai employé pour faire de l'éponge retournerait à l'état de minerai par la combustion et ne serait jamais perdu; qu'ainsi l'éponge serait un outil d'appropriation du calorique de l'oxygène, outil dont la matière première ne se perdrait pas, ou du moins en très-petite proportion, dans chaque traversée, après laquelle un navire changerait son oxyde contre de l'éponge, et que dans tous les ports d'approvisionnements il y aurait des fabriques d'éponges dans lesquelles on ferait cet échange.

A part quelques esprits élevés, qui comprirent et

apprécièrent ces idées, la généralité les considéra avec dédain ou cette pitié qu'on accorde à l'inventeur ; on le plaint d'être fou à ce point d'avoir des idées aussi opposées à ce qui passe pour raison, de même qu'une dame de la cour le fit à propos de Salomon de Caus qui, dans une visite qu'elle fit à Bicêtre, s'efforçait de lui montrer à travers les barreaux de sa cage ses plans de machine à vapeur.

Le jour s'est un peu fait relativement à mes idées et à mes travaux sur les corps à l'état d'éponge métallique ; je puis donc aujourd'hui revenir avec quelque espoir d'utilité sur ce que je considère comme devant être le résultat capital de ces idées et travaux... Or, ce que je considère comme devant être le résultat capital, c'est que l'industrie, dans toutes ses applications, fasse usage d'une matière qui, sous un poids donné, représente la plus grande force chimique..., la plus grande force mécanique....., la plus grande force calorifique, comme résumé de ces mêmes forces disséminées dans des matières de très-grand poids, de très-grand volume, et souvent très-malsaines.

Tel est, suivant ma conviction, le rôle réservé aux corps à l'état d'éponge métallique, et particulièrement à l'éponge de fer, qui représente à peu près le plus puissant accumulateur d'oxygène, puisque le peroxyde du métal contient 31 d'oxygène, tandis que le peroxyde de plomb n'en contient que 8.

Ce grand rôle d'unité de plus grande puissance chimique, calorifique et mécanique, est réservé à l'éponge de fer, parce qu'elle décompose tous les gaz, parce qu'en décomposant ceux oxygénés ; elle produit le maximum de chaleur, parce qu'en décomposant ces gaz et les liquides, il en résulte par expansion des effets mécaniques, encore des effets électriques prodigieux.

Par suite de ces considérations, on ne s'étonnera pas que je tienne comme peu de chose la perfection qui résultera de la production et de l'emploi des éponges pour obtenir les métaux usuels, comparativement au grand rôle que j'entrevois réservé aux éponges métalliques combustibles, propriété qui les résume toutes au point de vue du très-grand progrès.

La fabrication des éponges métalliques exigeait des études toutes particulières, très-longues, très-dispendieuses et souvent très-dangereuses. Il fallait que cette fabrication fût amenée à un tel degré de perfection, qu'elle fût simple dans les moyens, de pratique facile partout et par tous, qu'elle coûtât très-bon marché, que le prix de revient fût une expression satisfaisante pour tous les besoins que l'éponge métallique est appelée à satisfaire.

Sous ce rapport, seul en Europe, au milieu du dénigrement à peu près général pendant près de vingt années, je suis parvenu à créer des appareils, une méthode tellement simple et à former des ouvriers assez habiles pour que la fabrication de l'éponge, établie à Clichy depuis quelques années sur une échelle industrielle, puisse être copiée en Espagne cette année sur de telles bases que le prix de revient d'un fer excellent par les éponges n'atteindra pas 200 francs la tonne, et celui d'un acier supérieur n'atteindra pas 500 francs.

§ 2. — *Propriétés principales des éponges.*

Combustibilité.

Le caractère principal des éponges réside dans leur combustibilité. Cette combustibilité est telle que si on met un vase qui contient de l'éponge en communication avec un autre vase contenant de l'oxygène, et qu'il y ait dans le vase à éponge un petit point en ignition, il se fera un vide absolu dans le vase à oxygène par l'orifice capillaire qui établira la communication.

Chaleur spécifique.

La chaleur spécifique de l'éponge métallique de fer est d'un cinquième environ moindre que celle du métal.

Pouvoir d'absorption.

Dans la combustion de l'éponge, l'absorption de l'oxygène constitue un changement d'état de ce corps, changement d'état dans lequel il abandonne son calorique latent, et augmente de tout le poids de l'oxygène condensé. Nous ne confondons pas l'absorption qui a lieu dans ce cas avec celle dont nous allons parler.

Absorption des liquides.

L'éponge métallique absorbe son volume de liquide, ce qui donne lieu à la cémentation à froid et généralise le mot *cémentation* qui, au point de vue des éponges, devient le moyen d'obtenir à froid tous les alliages en proportion déterminée de la manière la plus exacte et la plus rigoureuse.

Absorption des gaz.

L'éponge métallique absorbe de 10 à 80 volumes de gaz, suivant leur nature simple ou complexe ; elle en retient toujours une partie avec une très-grande énergie, soit sous l'influence de la chaleur, soit sous l'influence de la compression.

Compressibilité de l'éponge.

Sous une pression que j'ai poussée jusqu'à 700 atmosphères, l'éponge se réduit au cinquième de son volume avec un dégagement de chaleur prodigieux.

Dans cette compression, il se manifeste des effets tout à fait inattendus de rupture des outils de compression, qui éclatent sous des efforts de beaucoup inférieurs à la résistance qui leur est propre, toujours avec un bruit strident et une manifestation d'effet analogue aux détonations fulminantes. Ces effets sont probablement dus au changement d'état qui rétablit la chaleur spécifique ; encore à la chaleur et à l'électricité dégagées soudainement à cet instant de changement d'état.

Densité des éponges.

La densité des éponges est très-variable ; elle dépend pour le même minerai de la température à laquelle s'opère la réduction; plus la température est élevée, plus la densité se rapproche de celle du métal soudé ou fondu, et en même temps plus la combustibilité diminue, et par conséquent disparaissent les propriétés de l'éponge comme réactif.

A circonstances égales les peroxydes, et particulièrement les fers oligistes, donnent l'éponge la plus combustible et la moins dense. Ainsi le minerai de l'île d'Elbe cristallisé donne facilement une éponge qui s'enflamme spontanément et dont la densité ne dépasse pas 0,7; en moyenne la densité des éponges bien fabriquées ne doit pas dépasser 1,25.

Propriétés électro-chimiques.

Les propriétés électro-chimiques des éponges d'un métal sont négatives par rapport au métal usuel, de manière qu'avec un métal à l'état *usuel* et ce métal à l'état d'*éponge*, on peut constituer une très-bonne pile dans laquelle l'éponge sera le *zingode*.

Dans une série d'éponges du même métal, les moins denses sont négatives par rapport aux plus denses ou moins combustibles.

L'éponge d'un métal préparée de manière à ce que la température de l'appareil de réduction fasse justement équilibre à la chaleur absorbée par le fait de la réduction, cette éponge, disons-nous, reproduit exactement par combustion le même oxyde que celui qui a été employé pour la préparation de l'éponge; ainsi dans ce cas l'éponge du peroxyde reproduira le peroxyde, et par conséquent le réactif aura le maximum de puissance, car la puissance de l'éponge comme réactif est en raison de la quantité de l'oxygène qu'elle peut condenser ou enlever à l'air, à l'eau, aux solides, aux acides, etc., pour opérer des réductions de toute nature et par suite obtenir l'hydrogène, l'azote, les métaux, etc., etc.

CHAPITRE VI.

Compression et moulage des matières métalliques divisées et particulièrement des corps à l'état d'éponge.

Cette compression, qu'il est extraordinaire de voir pour la première fois introduite dans la métallurgie, est cependant une de ces opérations capitales qui, sous une apparence bien modeste et bien simple d'exécution, transforment tout à coup une industrie, en donnant lieu à des bénéfices considérables là où il n'y avait que pertes à attendre et souvent l'impossibilité de parvenir à un but déterminé.

Par la compression, en effet, la réduction des volumes des matières, le cloisonnement des surfaces externes, qui réduit ces surfaces à des millionièmes de ce qu'elles étaient dans la matière divisée ou à l'état d'éponge, sont des conditions entièrement nouvelles par suite desquelles on reconnaît les faits suivants.

Comme la réduction des volumes est en général des $\frac{3}{4}$ par la compression des matières divisées ou d'éponges métalliques; que les consommations de combustible, de main-d'œuvre et de capital de construction sont en général beaucoup plutôt comme les volumes que comme les poids, il résulte en fait de cette action de compression : 1° que, dans les soudages et fusions, la consommation du combustible est réduite de 75 pour %; 2° que la même matière métallique comprimée, offrant infiniment moins de surface aux actions oxydantes ou d'autres altérations, rend souvent dans les fusions, soudages et réchauffages, plus de 40 pour % de plus que la première non comprimée; en outre le produit obtenu, n'ayant subi aucune altération, est de qualité bien supérieure; 3° que des solutions de progrès tout à fait inattendues viennent se présenter à l'esprit pour le moulage des métaux à froid sous les formes les plus variées; et les premières applications que j'ai faites de ces idées prouvent incontestablement qu'au moyen de forces suffisantes, le moulage des métaux à froid sera prochainement un des plus grands et des plus puissants artifices de l'industrie et des arts. J'ai la conviction que les pièces de forge et de mécanique les plus compliquées et les plus fortes pourront être moulées à froid avec les combinaisons les plus variées de métaux variés entre eux, suivant que l'indiqueront le besoin et l'art. En effet, ici, une pièce pourra être de fer, là d'acier, ailleurs d'acier et de fer, pour obtenir en même temps un damas et un corps doué du maximum de résistance et d'élasticité; plus loin dans la même pièce, le cuivre, le zinc, l'étain, le plomb, l'argent, le platine, l'or, pourront être mariés au fer dans un tel ordre et telle proportion qu'on jugera convenable.

Il résultera de cet ensemble de combinaisons, très-faciles par le moulage à froid des corps divisés et particulièrement d'éponge métallique, la solution de l'impossible aujourd'hui, c'est-à-dire : 1° le moulage des matières infusibles ; 2° leur alliage ou juxtaposition méthodique avec les matières en apparence les plus hétérogènes..... Il en résultera que les produits seront non-seulement à bon marché, mais rempliront des conditions entièrement nouvelles...... Particulièrement, de même qu'on galvanise la surface d'un métal en le recouvrant d'un autre métal, je galvanise la totalité de la masse métallique par l'addition en très-petite quantité d'autres métaux de cette masse, de manière que finalement une pièce finie est tout à fait inaltérable dans toutes ses parties.

J'ai dit que la compression semblait une chose très-simple, et la conception d'une idée ou principe paraît alors, au premier abord, le seul mérite de l'invention; mais l'application de l'idée a rencontré les difficultés les plus incroyables; il n'a pas fallu moins de deux ans de recherches incessantes et de dépenses considérables d'essais de toute nature, d'abord pour apprécier les véritables causes des difficultés et même des dangers qui ont apparu....., ensuite pour arriver à surmonter ces difficultés, en combattant les causes de résistance et de danger résultant d'un état nouveau de la matière.

Quelques mots à ce sujet.

Comme les corps métalliques divisés, et particulièrement ceux à l'état d'éponge métallique, absorbent leur volume de liquide, ou de 10 à 80 volumes de certains gaz qu'ils retiennent avec une énergie prodigieuse, il en résulte que dans la compression il se produit des dégagements de chaleur et d'électricité si considérables, que tous les calculs de résistance des outils sont impuissants à établir les données de construction de ces outils.... Quelques grammes d'éponge métallique font éclater des outils de plusieurs centaines de kilogrammes de poids, et présentent des résistances qui échappent à tout calcul comparatif... Ainsi, je présente l'effet de foudroiement produit par : 1° 3 grammes d'éponge d'argent, celui de bris avec explosion; 2° 30 grammes de limaille de laiton; 3° 30 grammes d'éponge de fer..... Je n'expose pas des matrices de 900 kilogrammes brisées explosivement en comprimant des lingots d'éponge comme ceux que j'expose,

J'ose dire, parce que j'en suis convaincu, que l'idée du moulage par compression à froid des matières métalliques divisées, et particulièrement des corps à l'état d'éponge métallique, est destinée à devenir dans les arts et l'industrie un des plus grands et des plus élégants moyens de formuler la matière métallique en en diminuant considérablement le prix de revient.

Au sujet du prix de revient, je dirai que la compression joue un tel rôle, que le fer produit en Espagne avant cette compression ne coûtait pas moins de 450 francs la tonne, et aujourd'hui il ne reviendra pas à 150 francs.

CHAPITRE VII.

Actions de cémentation, de contre-cémentation, de pénétration et d'exudation.

Pour éclaircir ce sujet et rendre sensible ce but de nos efforts, relativement à ces modes d'action, reportons-nous à ce qu'on entend aujourd'hui par les mots qui les expriment.

§ 1. — *Cémentation.*

La cémentation, d'après les idées actuelles, est une action qui comprend seulement la pénétration du carbone en présence du fer porté à vase clos à une haute température soutenue pendant longtemps, quinze jours et trois semaines, dans la fabrication de l'acier.

L'ancienne fabrication du laiton, qui résultait de l'action du zinc en vapeur arrivant sur des lames de cuivre, doit être rattachée au même ordre de cémentation que celle dont nous parlons pour le fer.

A ces deux actions se bornent les idées actuelles de cémentation qui impliquent, comme on le voit, l'action d'une haute température prolongée fort longtemps.

Comme ces actions ont pour effet de faire pénétrer la matière, en raison du temps et de la température, dans des corps solides, il en résulte naturellement que, pour un même objet, l'effet est complexe, en raison du temps d'action, en raison de la température, et en raison de l'épaisseur de même métal à pénétrer.

Eu égard à cette épaisseur, on trouve, par expérience, que la résistance à la pénétration est, toute chose égale d'ailleurs (temps et matière), sensiblement comme la racine cubique des distances des surfaces, ce qui indique que, d'une part, pour des épaisseurs qui dépassent un centimètre de section, représentant quinze jours, ce temps, pour un centimètre et demi, devient déjà une opération impossible pratiquement; d'autre part, comme il est impossible, quelles que soient la forme d'un vase clos et les précautions employées pour le chauffer, comme il est impossible, disons-nous, que l'objet soumis à la cémentation soit dans tous ses points porté à la même température, il est impossible que dans tous ses points l'action soit la même: de cette impossibilité naît une incorrection radicale qui s'oppose à l'homogénéité.

Mais, d'autre part encore, ayant été transmis de la surface au point intermédiaire du rayon, en raison d'une résistance de transmission mesurée par la racine cubique d'une surface saturée de carbone, il en résulte que chaque point du rayon de pénétration est, par rapport à la surface et le centre, représenté par les deux extrêmes d'une équation dans laquelle le carbone arrivant au centre est représenté par zéro, tandis qu'à la surface il était à la troisième puissance du temps et de la température qu'il faut pour que ce centre arrive au même degré de cémentation que la surface. Ici l'incorrection est encore manifeste, et l'impossibilité d'atteindre l'homogénéité est rendue on ne peut pas plus sensible. Mais, d'après les idées actuelles de cémentation, le problème d'homogénéité est insoluble sans la fusion ; car, pendant qu'on voudra porter ce centre à une cémentation plus élevée, la surface se chargera en raison de la troisième puissance de ce qu'acquerra le centre. Aussi le fabricant d'acier procède à la fusion par une opération de triage en cinq ou six classes d'une même barre de fer cémenté, cassée en petits morceaux, examinés tour à tour par lui, qui place son plus grand mérite, et à juste raison, dans le jugement porté dans cette classification.

Rien, on le voit, n'est si long, si incertain, et, on peut le dire, aussi fastidieux, que cette partie de la métallurgie comprise sous la dénomination de cémentation.

Nous allons voir comment nous avons perfectionné autant que possible la cémentation ordinaire.

Cela sera l'objet de notre chapitre : contre-cémentation.

§ 2. — *Contre-cémentation*.

D'abord, comme dans la cémentation ordinaire, il y a un temps considérable de perdu dans le chargement, l'échauffement, ou le refroidissement et le déchargement des caisses ; nous rendons l'opération continue par des appareils particuliers et des cément particuliers.

La cémentation opérée sous l'influence des céménts, nous considérons le carbone acquis à la masse d'une manière incohérente comme un cément général qui peut être réparti uniformément dans toute la masse, qui, après cette répartition, sera un produit même beaucoup plus homogène que celui qui résulte de ce qu'on appelle fusion, qui établit une confusion, mais ne permet pas une cristallisation régulière et une répartition aussi uniforme que la *contre-cémentation* dont nous venons de décrire le mécanisme général, mécanisme qui, à lui seul, constitue un progrès important dans les méthodes ordinaires, mais qui disparaît dans nos méthodes actuelles, qui vont directement à l'homogénéité la plus complète et la plus active, en mettant des atomes en présence. Lorsqu'on soumet du verre à un recuit, contrairement à l'opinion de Réaumur, et conformément à celle émise dernièrement par M. Pelouze dans une note à l'Académie des sciences, le verre appelé dévitrifié ne perd pas d'alcali; celui-ci se répartit uniformément et donne lieu à une dévitrification ou constitution moléculaire à cristaux aciculaires réguliers; il faut, dans ce cas, comparer cette action à la contre-cémentation, et appeler l'action *contre-cémentation du verre.*

§ 3. — *Action de pénétration.*

Cémentation à froid. — Acier et alliages en général.

Rien dans les idées actuelles de l'état de la matière usuelle ne donne accès à la pénétration instantanée des métaux à froid par des liquides tenant en dissolution:

celui-ci du carbone, un autre un métal quelconque, un troisième un alcali quelconque, un quatrième un mélange de différents liquides, de manière à concevoir que les liquides, pénétrant un métal à l'état de division ou d'éponge, déposent autour de chaque atome du métal, et instantanément, du carbone, un métal quelconque, de manière à ce que, l'excès de liquide étant chassé, il résulte de sa densité initiale que chaque atome de fer est recouvert d'un ou plusieurs équivalents, d'une ou plusieurs fractions d'équivalent de la matière à un autre état chimique que lui-même, mais comme lui à l'état d'éponge ou de division atomique.

Tel est le principe général le plus saillant de notre cémentation à froid qu'on voit de prime abord que l'action est instantanée, qu'elle est rigoureuse et mathématique, autant que le permettent les instruments d'appréciation des liquides employés pour cémenter et transformer le mot cémentation, non plus en une action bornée à la fabrication de l'acier, mais à celle de tous les alliages possibles en toute proportion directe, inverse et réciproque, par rapport à la matière à tous les états.

Dans nos idées, nul programme ne devient donc plus vaste en métallurgie générale et peut-être plus important pour certaines spécialités, *certains desideratum*, que la *cémentation à froid;* aussi fera-t-elle de notre part prochainement l'objet d'une publication spéciale qui comprendra naturellement la fabrication de l'acier, dont ce que nous venons de dire donne suffisamment la clef dans cette notice.

§ 4. — *Action d'exudation.*

Si, après avoir pénétré le fer par le carbone, on veut enlever à ce fer le carbone qui lui faisait prendre le nom d'acier ou de fonte, on ne trouve dans les méthodes métallurgiques anciennes d'autres routes tracées que la fusion opérée sous l'influence de courants oxydants qui brûlent en même temps le métal et une quantité de carbone proportionnellement plus grande, d'où résulte un affinage plus ou moins grossier dans lequel le carbone a été évincé par une opération d'oxydation aveugle dans laquelle le métal traité a perdu totalement la forme qu'il avait avant l'opération, et subi un déchet considérable.

Dans les mêmes circonstances, pour parvenir à cette éviction du carbone, nous procédons par actions alternatives d'oxydation et de réduction à une température qui ne fait pas fondre l'alliage à affiner. Nous employons à cet effet les gaz et les vapeurs alternativement oxydants et réducteurs, comme nous l'avons expliqué dans la pyro-galvanie ou notre chapitre d'actions de réduction et d'oxydation, chapitre que nous rappelons ici pour compléter l'exposé de nos moyens métallurgiques.

FIN.

TABLE DES MATIÈRES.

FIN DE LA TABLE.

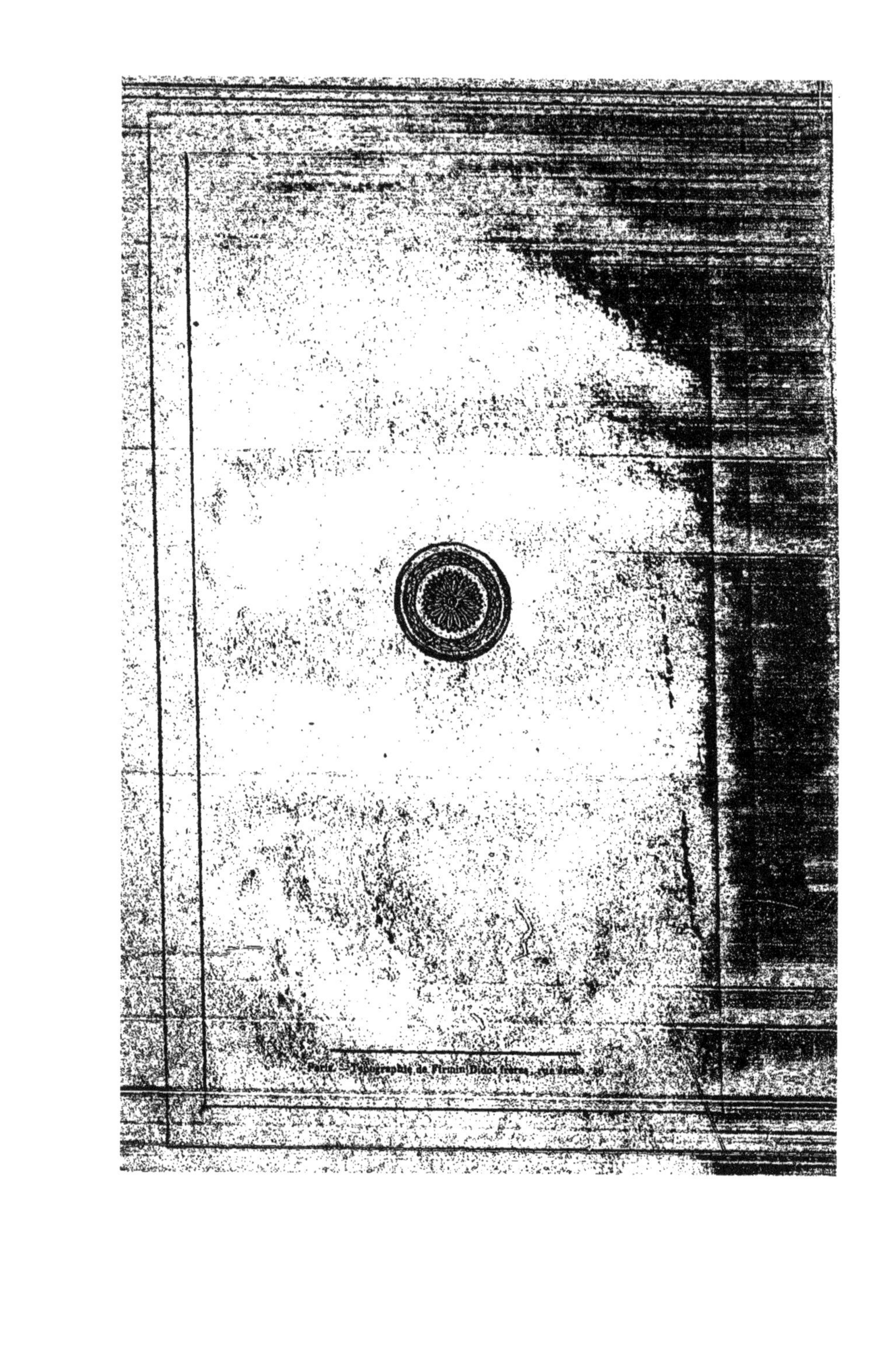

Paris. — Typographie de Firmin Didot frères, rue Jacob, 56.